海洋怪物小百科
科普馆

螃蟹大冒险

CRABS & MOLLUSKS

[英] 布伦达·拉尔夫·刘易斯 著

糖朵朵 译

SCIENCE MUSEUM

ENCYCLOPEDIA OF SEA MONSTERS

U0311914

南方出版传媒
广东省海出版社
·广州·

图书在版编目（CIP）数据

螃蟹大冒险 /（英）布伦达·拉尔夫·刘易斯著；糖朵朵译 . — 广州：广东经济出版社，2020.3
ISBN 978-7-5454-7195-3

Ⅰ.①螃… Ⅱ.①布…②糖… Ⅲ.①蟹类—儿童读物②海洋生物—软体动物—儿童读物 Ⅳ.①Q959.223-49 ②Q178.53-49

中国版本图书馆 CIP 数据核字（2020）第 026508 号

版权登记号：19-2019-216

责任编辑：张晶晶　陈　晔　刘梦瑶
责任技编：陆俊帆
责任校对：陈运苗
封面设计：朱晓艳
特约插画：陈　羽

螃蟹大冒险
PANGXIE DAMAOXIAN

出 版 人	李　鹏
出　版 发　行	广东经济出版社（广州市环市东路水荫路 11 号 11 ~ 12 楼）
经　销	全国新华书店
印　刷	北京佳明伟业印务有限公司 （北京市通州区宋庄镇小堡村委会西北 500 米）
开　本	889 毫米 ×1194 毫米　1/16
印　张	2
字　数	4 千字
版　次	2020 年 3 月第 1 版
印　次	2020 年 3 月第 1 次
书　号	ISBN 978-7-5454-7195-3
定　价	40.00 元

广东经济出版社官方网址：http://www.gebook.com 微博：http://e.weibo.com/gebook
图书营销中心地址：广州市环市东路水荫路 11 号 11 楼
电话：（020）87393830　邮政编码：510075
如发现印装质量问题，影响阅读，请与承印厂联系调换。
广东经济出版社常年法律顾问：胡志海律师
· 版权所有　翻印必究 ·

目 录
Contents

大陆的世界

北美洲
欧洲
亚洲
非洲
南美洲
大洋洲
南极洲

地球上有七大洲——北美洲、南美洲、欧洲、非洲、亚洲、大洋洲和南极洲。在这本书里，每讲到一种动物，都会用蓝色显示它们居住的地方，其余地方则用绿色显示。

这里有一份《海底报告》，它汇集了书中 13 种海洋动物的资料。有了这份报告，孩子们可以轻松建立海洋知识框架，家长们可以随时来一场亲子互动问答！

扫描二维码，即可免费领取《海底报告》一份！

二维码里面还藏着小惊喜，等着你们来开启哦！

巨型乌贼

巨型乌贼有8条大胳膊（腕足），每条大胳膊上都长着两排吸盘。

要问世界上谁的眼睛最大，那非巨型乌贼莫属！它眼睛的直径可达25厘米。

巨型乌贼的嘴巴长在它的胳膊中间，形状像鸟嘴。

巨型乌贼有一对非常强壮的触手，它就是用这对触手来捕获猎物的。

巨型乌贼的块头太大了，除了抹香鲸，在大海里几乎没有谁敢碰它。但即使是抹香鲸，要抓住巨型乌贼也是非常困难的。

1. 在跟抹香鲸战斗的时候，巨型乌贼的武器可多着呢。它的胳膊力气非常大，如果被它抓住的话可就惨了。它的嘴巴又硬又尖，抹香鲸躲都躲不掉。

2. 抹香鲸在跟巨型乌贼的战斗中即使是活下来了，它的身体也会受伤很严重。巨型乌贼的吸盘很有劲儿，而且边缘就像刮胡刀一样锋利，能在猎物的身上留下深深的伤口。

尺寸

你知道吗？

在浩瀚的海洋里，巨型乌贼可是个神秘生物。虽然很多人都见过它，但是却没有人知道它的喜好。

它们在哪儿？

已发现的巨型乌贼有3种，它们都住在海洋的最深处，包括太平洋、大西洋和印度洋，还有寒冷的北海地区。

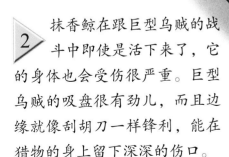

巨型章鱼

巨型章鱼能以任何角度躺着，但它的眼睛却只能保持平视，也就是只能朝前看，不能看旁边。

巨型章鱼是世界上最大的章鱼！到底有多大？它能长到7米那么长！

巨型章鱼皮肤上的细胞很特别，里面有"色囊"。它只要动一动那些色囊，就能改变身体的颜色。

巨型章鱼有8条腿（腕足），每条腿上都有很多吸盘。快来数一数有多少，整整280个！

很多古老的海洋冒险故事里都有巨型章鱼的影子。在那些故事里，巨型章鱼被写成了"海怪"，它可以把一整只船拖进海底呢。

1 跟巨型章鱼比起来，潜水者可就太渺小了。看，这只巨型章鱼用一条触须缠住了潜水者的腿，不过它可能就是感到好奇。真调皮呀！

2 巨型章鱼非常聪明，通过触须就可以获得信息。它的吸盘有很特别的触觉，还有传感器，能给大脑传送信息。只要它发现这个潜水者并不会对自己产生威胁或伤害自己，它就会把潜水者放走啦。

尺寸

你知道吗？

巨型章鱼可以用3种不同的办法把猎物坚硬的壳弄开。它可以把猎物的壳扯开，也可以咬开，或者先用口水把壳变得软软的，然后再"钻"出一个洞来。真是个聪明的大家伙！

它们在哪儿？

太平洋巨型章鱼只住在加利福尼亚的近岸水域，还有阿留申群岛和日本的周遭海域。另外还有两种巨型章鱼住在南美洲和非洲南部的近海水域。

蓝环章鱼

蓝环章鱼平常是棕色的，但当它去攻击自己的猎物时，它的蓝色圈圈就会显现出来啦。

跟其他章鱼一样，蓝环章鱼也有8条腿，对，其实就是腕足啦。

蓝环章鱼有两个很大的腺体，能产生剧毒，这些毒液可以让它的猎物在几分钟内就死掉。

因为嘴巴很有力气，形状又跟鸟嘴一样，所以蓝环章鱼吃起东西来非常快。

身体软软的，行动起来慢得不得了的蓝环章鱼个头只有一丁点——就跟一个高尔夫球的大小差不多。蓝环章鱼看上去很容易成为别人的猎物，但如果真的这么想的话，可就大错特错喽。

1 为了寻找食物，蓝环章鱼离开了自己住的珊瑚礁。一条珊瑚鳟鱼游了过来，它没有看见蓝环章鱼。

2 蓝环章鱼的蓝色圈圈开始闪光。可是，珊瑚鳟鱼压根不知道这是蓝环章鱼发出的警告，它更不会知道危险已经接近，它向小章鱼发起了攻击。

3 蓝环章鱼朝珊瑚鳟鱼的后背撞了上去，并用嘴巴刺穿了它的头。珊瑚鳟鱼可真是倒霉了。很快它就失去了知觉，无力地随着水波漂走了，很快，它就会死去。

尺寸

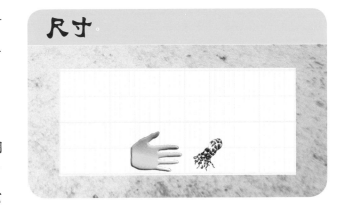

你知道吗？

蓝环章鱼的毒液可厉害了，被它随随便便咬上一口产生的毒液，就能杀死26个人！其实那一口并不疼，但却能很快让人失去知觉，不久就会死去。

它们在哪儿？

世上有两种蓝环章鱼：第一种住在澳大利亚东南部的海域，喜欢待在珊瑚礁上和小水坑里；第二种住在印度洋和太平洋的小岛周围水域。第二种蓝环章鱼比第一种蓝环章鱼还要危险。

蜘蛛蟹

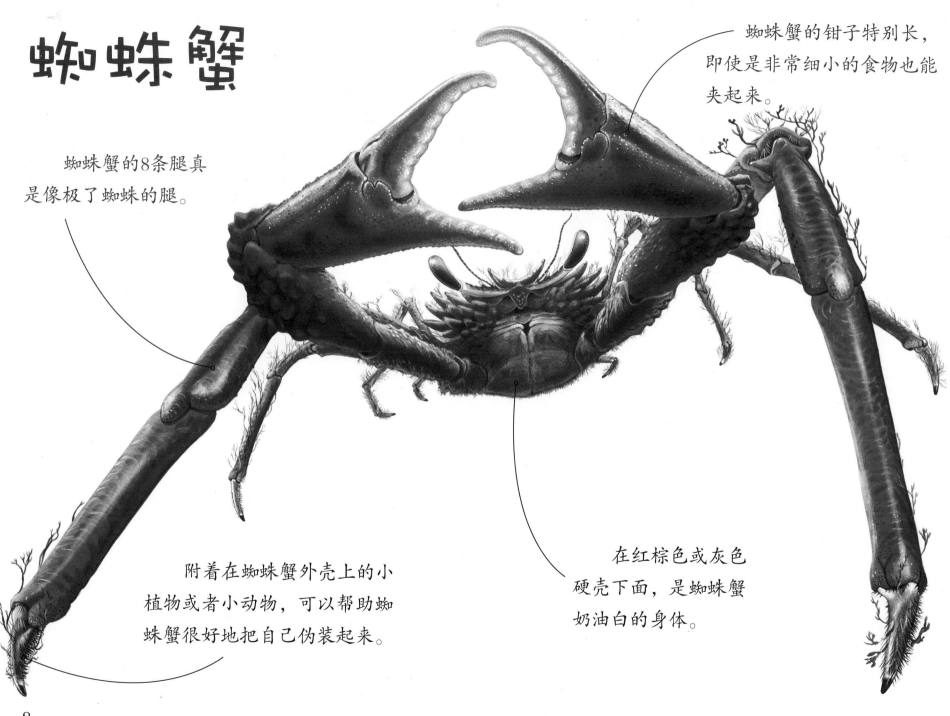

蜘蛛蟹的钳子特别长，即使是非常细小的食物也能夹起来。

蜘蛛蟹的8条腿真是像极了蜘蛛的腿。

附着在蜘蛛蟹外壳上的小植物或者小动物，可以帮助蜘蛛蟹很好地把自己伪装起来。

在红棕色或灰色硬壳下面，是蜘蛛蟹奶油白的身体。

蜘蛛蟹能长很大很大，比如日本蜘蛛蟹就有个外号，叫"海洋大怪物"。在海上航行的水手们，总是会讲一些关于蜘蛛蟹的可怕故事。

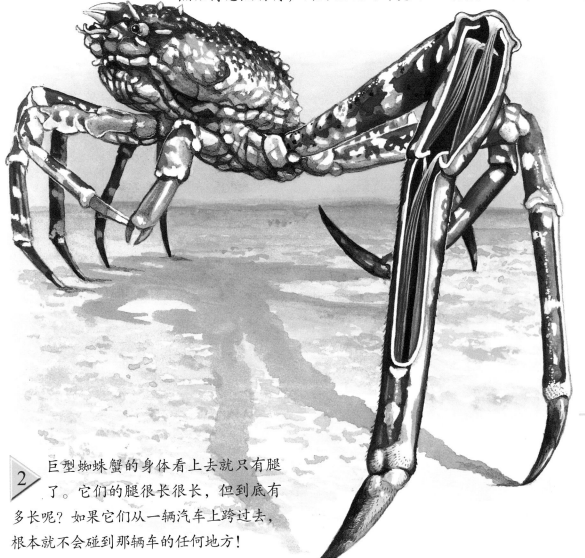

1 巨型蜘蛛蟹独自生活在海洋深处，虽然那里水压很高，但它们仍然活得悠然自得，因为坚硬的外壳可以耐受很大的海水压力。

2 巨型蜘蛛蟹的身体看上去就只有腿了。它们的腿很长很长，但到底有多长呢？如果它们从一辆汽车上跨过去，根本就不会碰到那辆车的任何地方！

尺寸

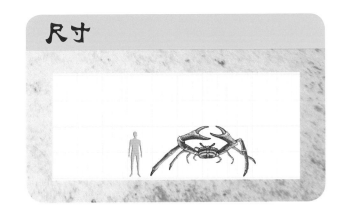

你知道吗？

巨型日本蜘蛛蟹是世界上最大的甲壳类动物。从它一条腿的脚趾到身体另一边的一条腿的脚趾，这中间的距离有4米那么长呀！

它们在哪儿？

地球上的任何一片海域里，都有蜘蛛蟹。很多蜘蛛蟹喜欢住在海岸边浅浅的水域里，因为在那里它们可以找到好多好多食物。

乳白鱿鱼

乳白鱿鱼的皮肤上有一些很特别的细胞，这些细胞会发光。它用这些细胞发出来的光与自己的伙伴联系。

乳白鱿鱼的触腕上有很多吸盘，这样它就能牢牢地抓住猎物，不会掉下来啦。

乳白鱿鱼的眼睛特别大，眼眶外面有一层透明的膜起着保护眼睛的作用。

乳白鱿鱼会用两条较长的触腕把猎物抓住，同时，另外8条触腕会把猎物塞进嘴里。

乳白鱿鱼算得上是海洋里最危险的捕猎者之一了。要是哪个不幸的家伙被它抓住，根本就没有机会逃跑。因为乳白鱿鱼的动作太快，而且劲儿也大极了。

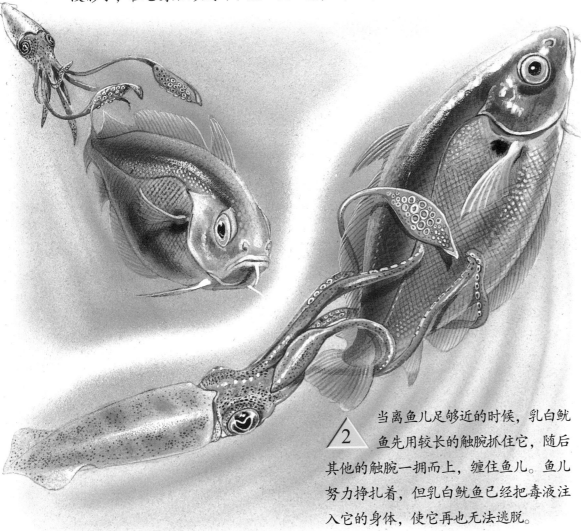

1　乳白鱿鱼游动的速度非常快，就像喷气式飞机一样，"噗"的一声就没影了，在它身后形成的水流又快又急，前面那鱼儿被吓了一跳。

2　当离鱼儿足够近的时候，乳白鱿鱼先用较长的触腕抓住它，随后其他的触腕一拥而上，缠住鱼儿。鱼儿努力挣扎着，但乳白鱿鱼已经把毒液注入它的身体，使它再也无法逃脱。

尺寸

你知道吗？

乳白鱿鱼在等着猎物出现的时候，可以让自己变得完全看不见，这样一来，自然不会被猎物发现。那它们是怎么做到的呢？就是改变皮肤上那些色囊啦，让身体的颜色变得跟周围的环境一样。

它们在哪儿？

乳白鱿鱼住在紧挨着北美洲西海岸的太平洋里。但它们更喜欢加利福尼亚和美洲中部的海域，因为那里有种类相当丰富的食物等着它们呢。

11

马蹄蟹

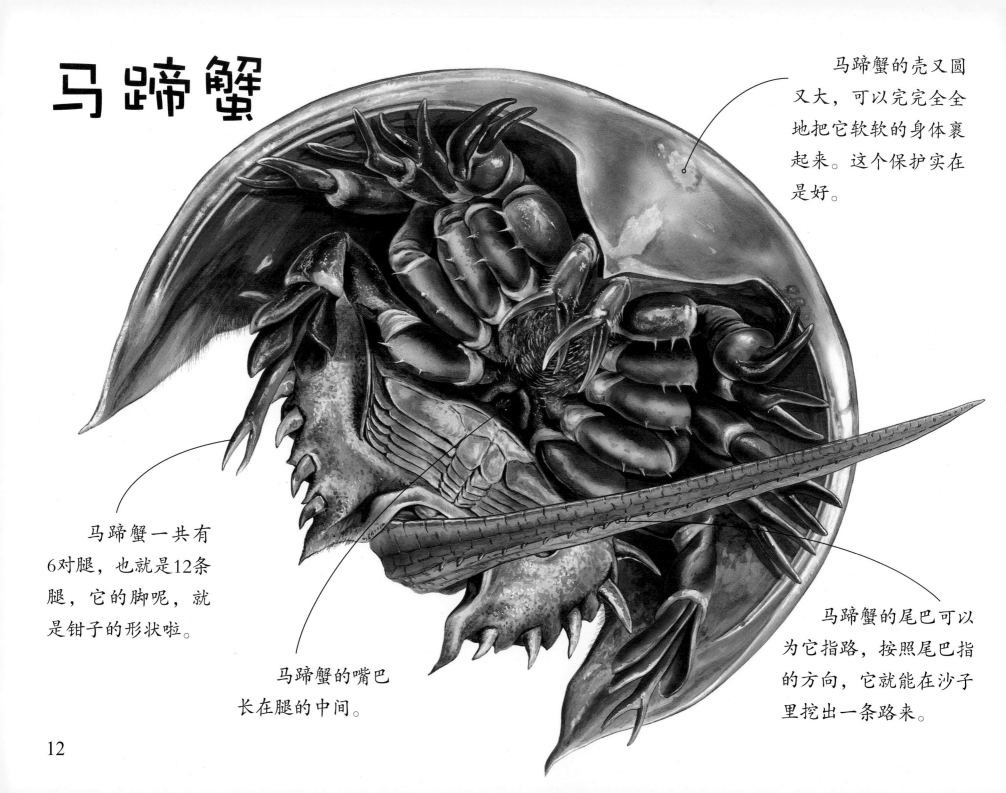

马蹄蟹的壳又圆又大，可以完完全全地把它软软的身体裹起来。这个保护实在是好。

马蹄蟹一共有6对腿，也就是12条腿，它的脚呢，就是钳子的形状啦。

马蹄蟹的嘴巴长在腿的中间。

马蹄蟹的尾巴可以为它指路，按照尾巴指的方向，它就能在沙子里挖出一条路来。

有一段时间，马蹄蟹也被叫作"马足蟹"。因为它的壳圆圆的，还是弧形的，看上去就像马的一只脚啊。马蹄蟹出现在地球上的时间可早了，至少有2.5亿年了。

1 马蹄蟹的后背被鳃板盖着。鳃板可以帮助马蹄蟹移动，还可以帮助它从水里吸入氧气，这样它才能呼吸。

2 知道为什么马蹄蟹可以在地球上生活这么多年却一直没有灭绝吗？全靠它们的壳！敌人想吃掉马蹄蟹，但是发现很难把它们翻个儿，翻不过来就吃不到它们那软软的肚子啦，于是马蹄蟹就幸运地活了下来。马蹄蟹也算是个"小四眼"，它有4只眼睛，其中2只单眼，2只复眼。这样，就能同时看见每一个方向了。

尺寸

你知道吗？

马蹄蟹可以玩倒立哎！它用10条腿，倒立着移动。它有200个鳃，就藏在那扁平扁平的肚子下面。这些鳃可以帮助它在水里游来游去。

马蹄蟹的血是蓝色的，因为它的身体里有金属铜。

它们在哪儿？

地球上只有两个地方有马蹄蟹。有三个种类住在亚洲的沿海海域，一个种类住在北美洲的大西洋海岸。

沙蟹

沙蟹的眼睛前凸高耸，还可以转来转去，所以它可以看到各个方向。

沙蟹如果想把自己藏起来，就会把身子压得低低的，蹲在沙子里，这样就不那么容易被发现了。

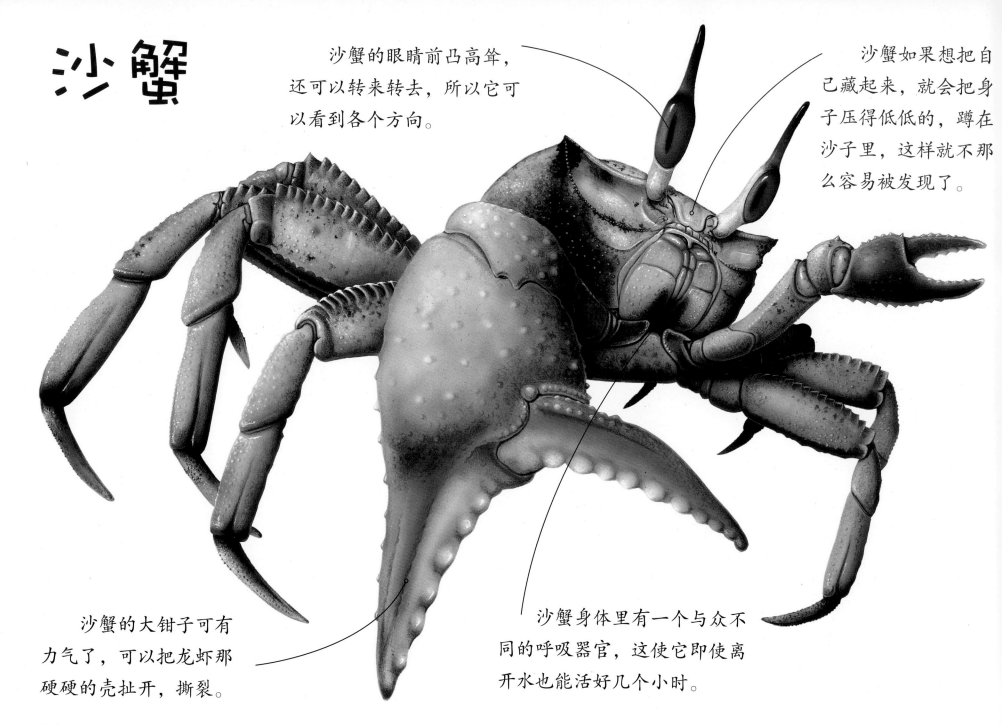

沙蟹的大钳子可有力气了，可以把龙虾那硬硬的壳扯开，撕裂。

沙蟹身体里有一个与众不同的呼吸器官，这使它即使离开水也能活好几个小时。

夜晚，沙蟹会沿着沙滩寻找食物。沙蟹是个杂食动物，也就是说，它不挑食，什么都吃。它们会吃蛤蜊、小龙虾、小虫子、植物，甚至连垃圾都不放过。

1 快看，一只沙蟹正在沙滩上的零碎堆里翻来翻去，它在寻找美味。但是，那里却有危险在等着它呢。

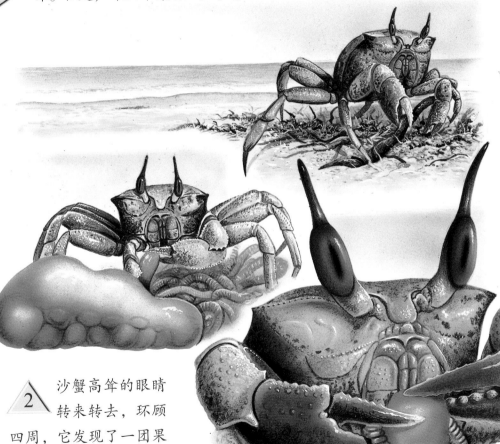

2 沙蟹高耸的眼睛转来转去，环顾四周，它发现了一团果冻似的东西！原来，那是僧帽水母！

3 僧帽水母使劲地刺了沙蟹一下，但沙蟹并不害怕。它用自己那有劲儿的钳子，把水母撕成了碎片，然后"吧唧吧唧"给吃掉了。

尺寸

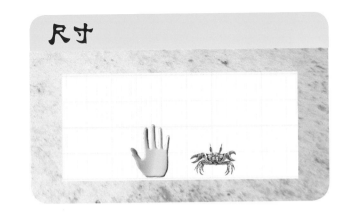

你知道吗？

沙蟹在遇到危险时，逃跑速度非常快，可以在10秒钟内跑出20米！而且还可以一边跑一边改变方向。

它们在哪儿？

沙蟹最喜欢热带地区的潮水坑、沙滩和泥坑。所以，它们住在南半球，或是赤道周围。

15

海兔

海兔的鳃长得特别像羽毛，它就是用这些鳃在水里呼吸的。

海兔有一对触角，是用来传递信息的，这对触角可以帮助它找到食物。

海兔的身体柔软极了，所以大家又叫它"没有壳的蜗牛"。

海兔的皮肤味道怪怪的，尝起来感觉很不好，所以那些攻击它的家伙常常是把它吃到嘴里，又赶紧吐了出来。

刺细胞是腔肠动物特有的一种细胞，它们用这些细胞来捕捉食物和保护自己。如果这样的动物被海兔吃掉了的话，它们剩下的那些刺细胞，海兔可有着自己独特的用途哦。海兔会用这些刺细胞来进攻别人，或者抵抗敌人。

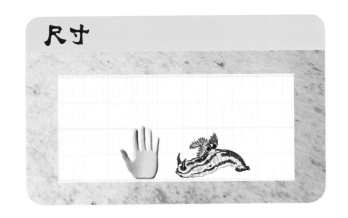

尺寸

你知道吗？

有一种海兔被称为"西班牙舞者"。因为它们在水中穿行的时候，身体展开的那些柔软的褶皱五彩斑斓、曼妙多姿，就像西班牙舞蹈家的裙子。

2 这时，一只饿坏了的海星来了。它心想："哈，这只海兔能让我好好饱餐一顿喽。"然而，让海星没想到的是，水螅虫身体里的刺细胞已经转移到海兔的背上了。海星被狠狠地刺了一下，落荒而逃。

1 一只粉红色的海兔吃了一只软绵绵的水螅虫。

它们在哪儿？

大部分的海兔住在大西洋、太平洋和印度洋沿岸的浅水里。还有一些就在深海的表面漂浮着，跟那些特别小的浮游生物混在一起。

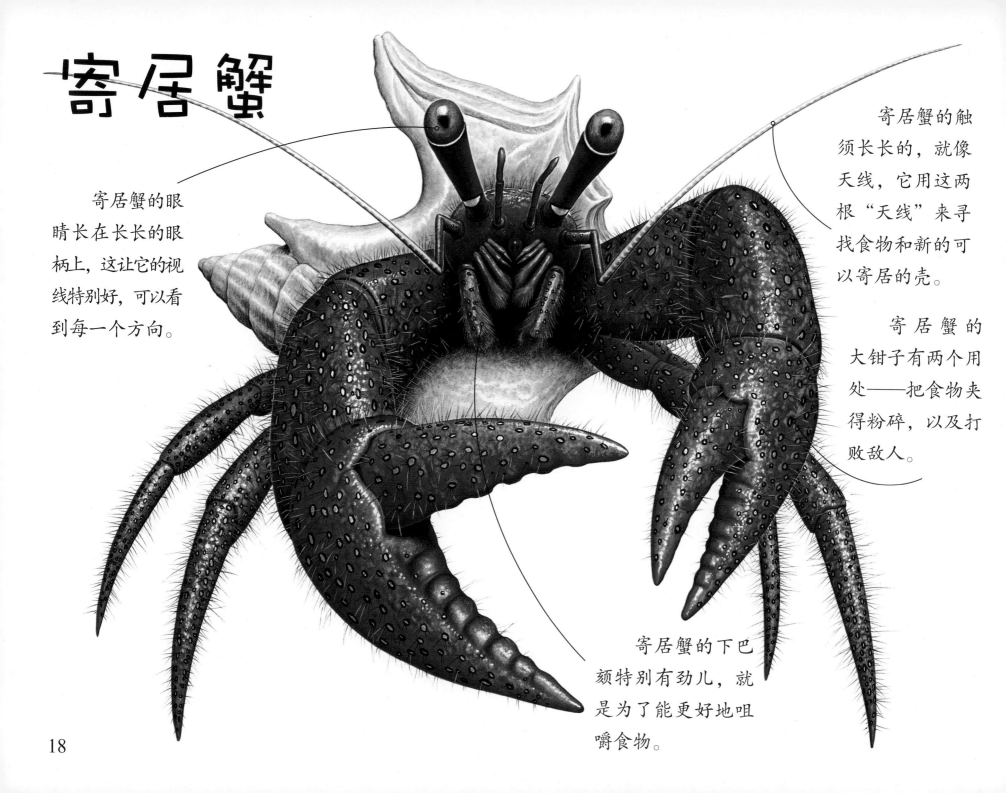

寄居蟹

寄居蟹的眼睛长在长长的眼柄上，这让它的视线特别好，可以看到每一个方向。

寄居蟹的触须长长的，就像天线，它用这两根"天线"来寻找食物和新的可以寄居的壳。

寄居蟹的大钳子有两个用处——把食物夹得粉碎，以及打败敌人。

寄居蟹的下巴颏特别有劲儿，就是为了能更好地咀嚼食物。

寄居蟹没有自己的壳。所以，它必须去找一个，然后搬进去住。但是找一个壳并不容易，因为其他的寄居蟹也一直在忙着干这件事呀！

1 如果寄居蟹找不到壳住的话，它就没有办法长到它们本来应该有的大小。而如果寄居蟹找到一个新壳，它就得把这个壳原来的主人给赶跑才行。

2 在这场"房子争夺大战"中失败的那一个，只能垂头丧气地爬走。这时，那些饥饿的鱼儿可不会放过它。没有壳的寄居蟹身体软软的，没有任何保护，很容易就被其他敌害攻击，并且吃掉。

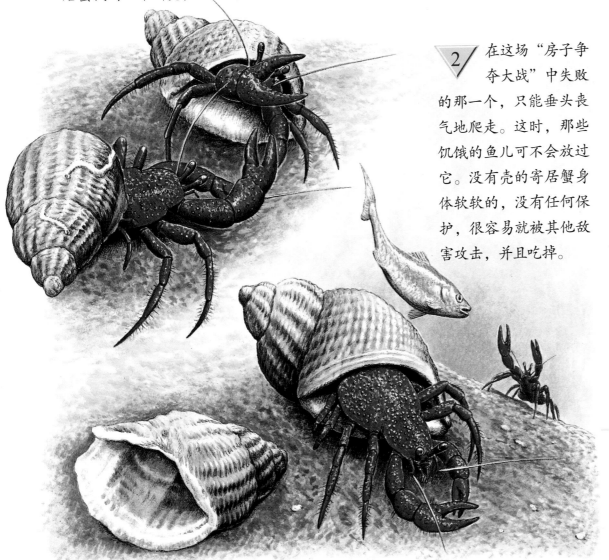

尺寸

你知道吗？

很多寄居蟹都被人们当成宠物来养。随着寄居蟹慢慢长大，主人就得去给它们买更大的壳，大约得比寄居蟹的个头大三分之一吧。

它们在哪儿？

世界上的每一片海里，都住着寄居蟹。通常呢，它们会在海底活动，但也有一部分喜欢在海岸和沙滩的岩石堆里玩耍。

大鳌虾

大鳌虾的每条腿上都有一个小爪子，用来抓住沙子或石头。

大鳌虾的尾巴是平的，看上去就像桨的形状。这尾巴可以推着它向后转。

大鳌虾有3张嘴！每张嘴的用途还不一样：一张用来抓住食物，一张用来咬碎，一张用来咀嚼和吞食。

大鳌虾有5对腿，每条腿上都有可以弯曲的关节。

20

如果有机会的话，大螯虾是会对同类痛下杀手的哦。大螯虾对血的气味很敏感，如果闻到了血腥味，它们就会跟着气味去寻找食物。

1 一只大螯虾闻到了血的气味，它跟着气味一直找啊找，发现了另外一只大螯虾正有气无力地躺在那里。那只大螯虾刚刚跟一条大鱼打了一架，它的很多条腿都被咬掉了。

尺寸
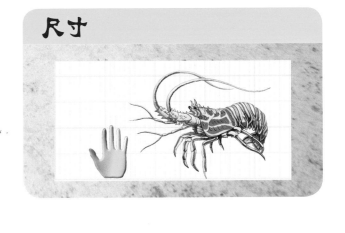

你知道吗?

大螯虾的重量可以达到11.8千克，身长可以达到91厘米。有些大螯虾可以活50年。大螯虾是人类喜欢捕捞的美味。

它们在哪儿?

大螯虾居住的地方，遍布全世界的海岸，主要有西大西洋和东大西洋、北太平洋和南太平洋、印度洋，还有我国南海周边海域。

2 闻味而来的大螯虾很快就把那个快要死的同伴撕开了。它用嘴把肉撕下来，再咬成小块吃掉。没过多久，那只受伤的大螯虾就一命呜呼了。等到用餐结束的时候，那只大螯虾就只剩下一个空壳了。

乌贼

乌贼的褶边其实也是它的鳍，在它游动的时候，这些鳍会轻轻地摆来摆去。

乌贼的体内有色素，它就是用这些色素来改变自己身体颜色的。"唰"的一下，变得可快了。

乌贼的嘴巴里有一个腺体，这个腺体能喷出毒液，它用毒液来杀死猎物。

遇到危险的时候，乌贼会喷射出像墨汁一样的东西。敌人眼前一团黑，它就趁机逃脱了。

捕猎时，乌贼会用非常聪明的方法把自己藏起来。等到猎物发现的时候，一切都太晚了。乌贼"噌"的一声就蹿了出来，它的猎物哪里有机会逃跑呢！

1 鱼儿正在寻找食物，它们没有发现那儿有只乌贼躲在海草丛里。因为乌贼的触须啊，看上去就跟那些在水里漂来漂去的海草一模一样。

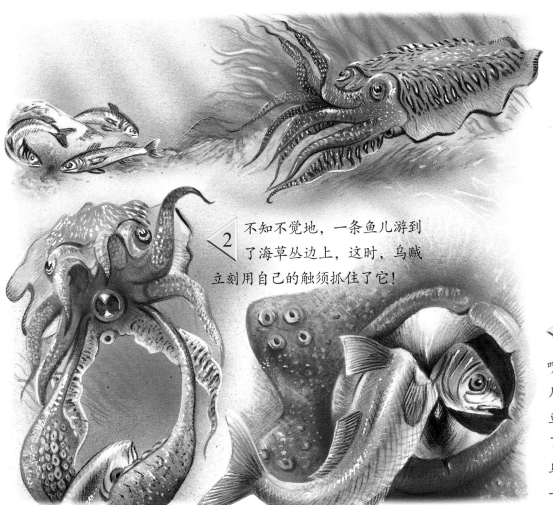

2 不知不觉地，一条鱼儿游到了海草丛边上，这时，乌贼立刻用自己的触须抓住了它！

3 乌贼把毒液从自己嘴里射进了鱼儿的身体里。鱼儿很快就死了。这下子，乌贼可以美餐一顿喽。

尺寸

你知道吗？

美术家曾经用乌贼的"墨汁"来画画。这种颜色又被称作"乌贼黑"，其实就是暗褐色的一种。

它们在哪儿？

乌贼的家族可庞大了，种类超过100种。世界各地的大海里都有乌贼的身影，而且随处可见，比如在海底的沙堆上，在珊瑚礁上，在海底的悬崖边上，还有海草丛中。

爬虾

爬虾的壳疙疙瘩瘩的，长满斑点，而且像山脊一样隆起，这些特点让它很容易在岩石中躲藏起来。

爬虾是非常与众不同的哦，因为它的大脑长在背上。

爬虾的身体是扁平的，所以，如果比赛穿过窄窄的缝隙的话，第一名一定是爬虾。因为那对它来说真是太容易了。

爬虾的脑袋上有好几块像大板子一样的壳，它用这些"板子"来把沙子铲开。

爬虾会吃其他海洋小伙伴的尸体。要是有两只爬虾同时看上了一个尸体，它们才不会相让或共同分享呢，它们非得打上一架，来争夺美味。

1 在海底，每只爬虾都会有自己的领地。真不巧，有一条鱼的尸体就在两只爬虾的领地交界线上，它们俩都想吃，这可怎么办？只见它们都抓住了那条鱼，"拔河比赛"就要开始啦！

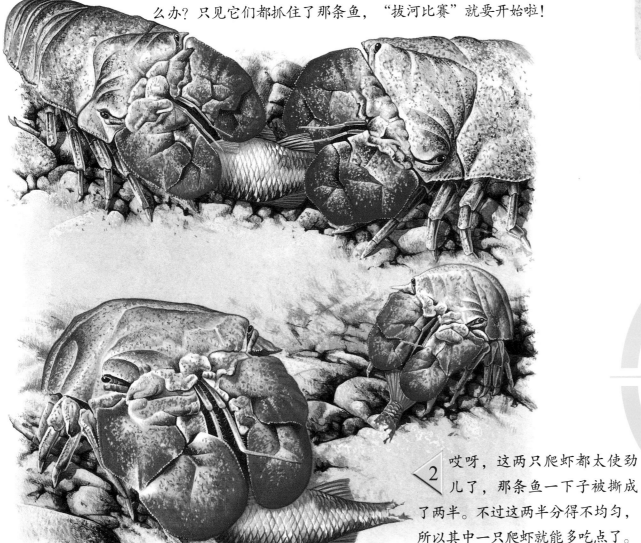

2 哎呀，这两只爬虾都太使劲儿了，那条鱼一下子被撕成了两半。不过这两半分得不均匀，所以其中一只爬虾就能多吃点了。

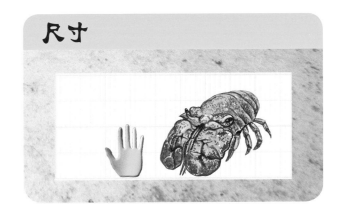

你知道吗？

爬虾是夜行动物，喜欢在夜里出来。要是遇到危险，它们就赶紧往后退。这时，尾巴可派上大用场了，它们会飞快地甩着尾巴来加速。

它们在哪儿？

很多温暖的海边都有爬虾，它们能在很多种环境里活下来。比如泥潭、沙地、海底的石堆或者珊瑚礁，还有海草床。

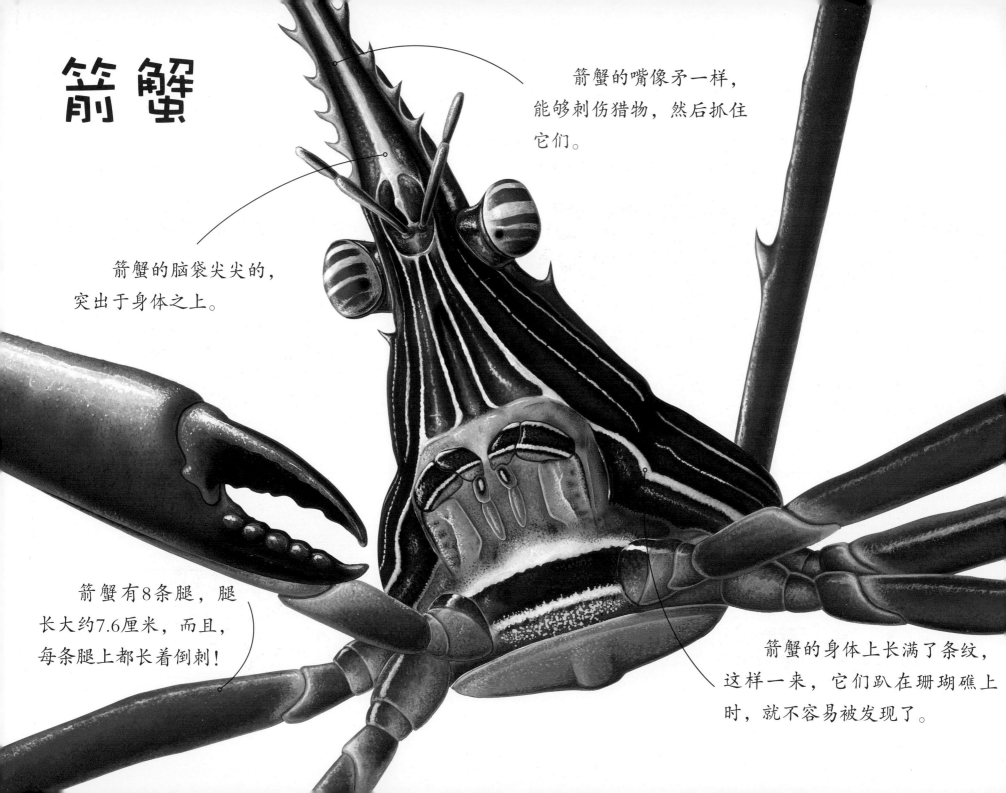

箭蟹

箭蟹的嘴像矛一样，能够刺伤猎物，然后抓住它们。

箭蟹的脑袋尖尖的，突出于身体之上。

箭蟹有8条腿，腿长大约7.6厘米，而且，每条腿上都长着倒刺！

箭蟹的身体上长满了条纹，这样一来，它们趴在珊瑚礁上时，就不容易被发现了。